RECHERCHES

SUR

LES PHÉNOMÈNES QUI ACCOMPAGNENT L'INTRODUCTION & LA DIFF

. DES VAPEURS DE

SULFURE DE CARBONE

DANS LE SOL

D'APRÈS LE PROCÉDÉ JOBARD-CROLAS

(Expériences faites à l'École d'Agriculture de Montpellier.)

PAR

Le Dr CROLAS
Professeur à l'École de Médecine et de Pharmacie
de Lyon.

A. AUDOYNAUD
Professeur à l'École d'Agriculture
de Montpellier.

MONTPELLIER

TYPOGRAPHIE ET LITHOGRAPHIE BOEHM ET FILS

IMPRIMEURS DE L'ACADÉMIE DES SCIENCES ET LETTRES

DE LA REVUE DES SCIENCES NATURELLES; ÉDITEURS DU MONTPELLIER MÉDICAL.

1876

RECHERCHES

SUR

LES PHÉNOMÈNES QUI ACCOMPAGNENT L'INTRODUCTION & LA DIFFUSION

DES VAPEURS DE

SULFURE DE CARBONE

DANS LE SOL

D'APRÈS LE PROCÉDÉ JOBARD-CROLAS

(Expériences faites à l'École d'Agriculture de Montpellier.)

PAR

Le Dr CROLAS
Professeur à l'École de Médecine et de Pharmacie
de Lyon.

A. AUDOYNAUD
Professeur à l'École d'Agriculture
de Montpellier.

MONTPELLIER

TYPOGRAPHIE ET LITHOGRAPHIE BOEHM ET FILS

IMPRIMEURS DE L'ACADÉMIE DES SCIENCES ET LETTRES

DE LA REVUE DES SCIENCES NATURELLES; ÉDITEURS DU MONTPELLIER MÉDICAL.

1876

INTRODUCTION

Au mois de mars, nous communiquions à l'Académie des sciences un Mémoire dans lequel nous décrivions un procédé dont l'idée première appartient à M. Jobard, et qui consistait à introduire et à diffuser dans le sol des vapeurs de sulfure de carbone à l'aide d'un appareil aspirateur.

Grâce à l'influence de M. Dumas, l'illustre secrétaire de l'Académie des sciences, auquel il est de notre devoir d'exprimer ici toute notre gratitude, nous avons été mis à même, dès le mois d'avril, de commencer à l'École d'Agriculture de Montpellier une série d'expériences dont nous allons rendre compte, et qui nous ont permis, nous le croyons du moins, d'expliquer la façon dont se comporte l'atmosphère, souterraine lorsqu'on la met en mouvement à l'aide d'appareils aspirateurs ou insufflateurs.

Les déductions pratiques que nous avons tirées de nos recherches pourront, nous l'espérons, être utilisées immédiatement pour combattre à l'aide des vapeurs de sulfure de carbone l'insecte qui, abandonné à lui-même, détruirait lentement mais sûrement nos vignobles.

Nous devons adresser ici nos sincères remercîments aux personnes qui nous ont aidé dans ces recherches longues et délicates: d'abord à M. Camille Saintpierre, directeur de l'École d'Agriculture de Montpellier, pour la bienveillante hospitalité qu'il nous a offerte; à tout le personnel de l'École, qui nous a à chaque instant secondé; à M. le professeur Audoynaud, notre ancien Maître, qui a bien voulu devenir notre collaborateur; enfin à M. B. Faisant, qui n'a cessé de prendre une part active à nos expériences, et a souvent apporté à nos instruments des modifications heureuses qui ont facilité nos recherches.

Dr CROLAS.

La première série de nos expériences a eu pour but d'arriver à enlever l'air contenu dans le sol, pour y substituer un air nouveau imprégné de vapeurs meurtrières pour l'insecte, et sans action sur la vigne.

Nous n'avons pas jugé nécessaire de rechercher le volume d'air contenu dans le sol; les expériences de MM. Boussingault et Lévy nous ont paru suffisantes. Dans leur travail sur l'air confiné du sol, remontant à 1853, ces savants expérimentateurs ont puisé l'air souterrain à l'aide d'un simple flacon aspirateur. Admettant que l'action de leur appareil se soit fait sentir à une profondeur de 35 cent., ils ont calculé par hectare et pour divers sols le volume d'air renfermé dans cette couche superficielle; la moyenne de leurs divers résultats s'élève à moins de un quart du volume total et souvent reste au-dessous. Nous pouvons donc admettre, pour la discussion de nos expériences, le nombre de 250 litres d'air par mètre cube, et supposer que dans les cas les plus défavorables le volume d'air à enlever au sol par hectare et sur un mètre de profondeur est au plus de 2,500,000 litres; le poids à soulever est donc peu de chose, il s'élèverait dans ce cas à 3,250 kilogr. et le travail à faire pour l'élever à deux mètres serait de 6,500 kilogrammètres, ce qui ne représente pas la dixième partie du travail journalier d'un homme ordinaire.

Deux modes se présentaient à nous pour opérer la substitution de l'air atmosphérique à l'air souterrain: ou bien aspirer l'air souterrain, ou insuffler dans le sol l'air atmosphérique. Nous avons d'abord essayé le premier procédé.

PREMIÈRE SÉRIE D'EXPÉRIENCES.

Il fallait puiser l'air à diverses profondeurs, suivant la nature des sols. A cet effet, un mandrin en fer était enfoncé dans la terre à la profondeur voulue; on l'enlevait et on y substituait un tube de fer de même diamètre, percé par le bas de quelques orifices et muni en haut d'une tubulure latérale. Ce tube avait 22 millim.

Planche 1
ASPIRATION
Échelle 1/30 ème
1re Expérience
15
15
15
15
3me Expérience
25 50 75 100
4me Expérience
25 50 75 100
2me Expérience
50
50
50
50
Échelle 1/10 ème
Entonnoir manométrique
Tube manométrique
Tube aspirateur
150
Toutes les distances égales à OA représentent 0m,25
Les nombres inscrits indiquent la profondeur à laquelle
ont été enfoncés les entonnoirs et tubes porteurs le
manomètres

de diamètre, sa tubulure était reliée à un soufflet aspirateur par un gros tube de caoutchouc. L'appareil monté, l'air souterrain était facilement enlevé, et, du sulfure liquide étant placé à la surface du sol, l'air atmosphérique qui venait prendre la place de l'air enlevé entraînait ce sulfure dans les profondeurs de la terre ; en continuant le jeu du soufflet, l'air souterrain chargé de vapeurs de sulfure ressortait par le tube de débit du soufflet, son odeur devenait manifeste. Ainsi, du sulfure étant mis à 1 mètre de distance du tube dans une petite cavité à la surface du sol, revenait au soufflet après 18 ou 20 aspirations ; on pouvait même placer le sulfure à des distances plus grandes. Ces premiers essais montraient que l'on pouvait profiter de l'air atmosphérique pour emporter dans le sol des vapeurs de sulfure de carbone placé à la surface. Ce premier fait bien établi, il fallait :

1° Déterminer à quelle distance l'air contenu dans le sol était intéressé par l'appareil ;

2° Étudier la diffusion souterraine des vapeurs ;

3° Constater la persistance de ces vapeurs dans le sol.

Pour déterminer la zone d'action de l'aspirateur, nous nous sommes servis de petits manomètres très-simples, tubes en S bien connus des chimistes, contenant un liquide coloré ; les manomètres étaient adaptés, soit à la tubulure de cloches ou entonnoirs que l'on enfonçait très-peu dans le sol, soit à la tubulure de tubes en fer semblables au tube aspirateur. Ces tubes et entonnoirs manométriques furent disposés en rayonnant autour du tube aspirateur à des distances de 25,50,75,100 centim. ; on pouvait donc juger des effets produits à 25,50,75,100 centim. ; on pouvait aussi voir les effets correspondants à des profondeurs variant de 15,25,50,75,100 centim., les cloches et tubes manométriques ayant été enfoncés à ces différentes profondeurs. Tous ces appareils étant en place, il était facile de constater *qu'au premier mouvement de l'aspirateur, tous les manomètres oscillaient en même temps.* Ces expériences ont été répétées sur plusieurs sols de nature diverse. Dans les terres argileuses très-compactes, la zone d'action était moins grande, les manomètres n'oscillaient plus au-delà de 1ᵐ,30 de distance du tube aspirateur.

Ces expériences ont été faites au mois d'avril; elles ont eu pour témoins un public nombreux et éclairé, entre autres une délégation du Conseil général de l'Hérault; les terres sur lesquelles on opérait étaient argilo-calcaires; l'une d'elles, *La Condamine*, renfermait 8/10 d'argile. Ces expériences avaient pour nous le plus grand intérêt : elles nous montraient l'extrême mobilité de l'air souterrain. Un simple soufflet de 3 litres de capacité, manœuvré par un seul homme, presque sans fatigue, mettait en mouvement un immense volume d'air ; car, dans le cas où les manomètres oscillaient à 3 mètres de distance, on ébranlait l'air d'un cylindre de 3 mètres de rayon et d'au moins 1 mètre de hauteur, soit de 84,000 litres de capacité.

Cette facilité avec laquelle l'air se meut dans l'intérieur du sol, à la profondeur de 1 mètre et même plus, nous montre encore comment les changements de pression dans l'air atmosphérique, les variations de température du sol, doivent amener des mouvements correspondants de va et vient dans l'air souterrain.

Voici l'explication théorique qui nous paraît le mieux rendre compte des faits observés. Supposons le tube aspirateur planté, et son orifice inférieur assez étroit et à une profondeur quelconque; représentons-nous, ayant cet orifice pour centre, des sphères concentriques du sol ayant pour rayon 1 — 2 — 3 — 4 — ...; les volumes d'air de ces sphères seront entre eux comme les nombres 1 — 8 — 27 — 64 —. Les volumes d'air successivement ébranlés par une seule aspiration de soufflet seront entre eux, par différence, comme les nombres 1 — 7 — 19 — 37 —. Si le soufflet aspirateur enlève la totalité de l'air de la première sphère ou une fraction quelconque de cet air, les chemins parcourus par l'air pendant une aspiration seront pour chacune des couches sphériques comme les nombres 1, $\frac{1}{7}$, $\frac{1}{19}$, $\frac{1}{37}$....; à une certaine distance, le déplacement sera donc insensible. Le déplacement de l'air pour des aspirations successives se fera donc par saccade ; la marche du sulfure de carbone suit cette même progression de vitesse, puisqu'après 10 ou 15 coups de soufflet il arrive à la tubulure extérieure et révèle sa présence à l'odorat. Observons encore qu'un manomètre à égale distance de deux tubes aspirateurs reliés au même soufflet reste en repos. L'air placé sur la verticale tangente a deux sphères d'action, est sollicité dans deux sens opposés avec la même énergie, et ne peut se mouvoir.

Examinons maintenant la diffusion de la vapeur de sulfure de carbone. *A priori*, elle nous paraissait très-large, puisque, dans les expériences rapportées plus haut, chaque colonne d'air qui part de la surface du sol pour marcher vers l'orifice du tube aspirateur rencontre sur sa route des obstacles, des parties terreuses qui l'arrêtent, la brisent et la projettent dans un grand nombre de directions. Mais il fallait des preuves plus directes, et on a eu recours à l'analyse chimique.

Les réactifs connus décelant la présence du sulfure de carbone ne nous paraissaient pas assez sensibles ni assez commodes pour la nature et la suite de nos expériences. La solution alcoolique de potasse, par exemple, ne présente pas la sensibilité qu'on a bien voulu lui accorder. En dissolvant de la potasse caustique dans l'alcool absolu et y faisant arriver du sulfure de carbone, on obtient une coloration jaune due à la formation du xanthate de potasse. Or, ce xanthate de potasse répond à la formule

$$KO, C^4H^5O, 2CS^2 ;$$

autrement dit, un équivalent d'alcool (46) correspond dans ce composé à deux équivalents de sulfure (76); comme 1 centim. cube d'alcool pèse $0^{gr},79$, 1 centim. cube du réactif accuse $1^{gr},30$ de sulfure de carbone. En ajoutant de l'eau pour décupler le volume, 1 centim. cube accuse encore $0^{gr},13$; mais si on rend le volume centuple, la coloration jaune n'est plus sensible. La limite de sensibilité de la solution alcoolique de potasse est donc de $0^{gr},013$.

Nous avons cherché un autre réactif répondant mieux à nos besoins, et nous avons trouvé dans le chromate neutre de potasse dissous dans une grande masse d'acide sulfurique un réactif très-sensible et très-commode. Le sulfure de carbone arrivant dans ce liquide fait passer l'acide chromique à l'état d'oxyde de chrome vert; le carbone du sulfure est seul brûlé et transformé en acide carbonique; la réaction se passant entre quatre équivalents de chromate neutre et trois de sulfure de carbone, il est facile de calculer que $0^{gr},5$ de chromate correspondent à $0^{gr},146$ de sulfure. Or nous dissolvons $0^{gr},5$ de chromate dans 100 centim. cubes d'acide sulfurique *pur*, la liqueur est légèrement jaunâtre; 1 centim. cube de cette liqueur passe rapidement au vert par l'action de $0^{gr},00146$ de sulfure. Notre réactif est donc d'une sensibilité bien supérieure à celle de la solution alcoolique de potasse. Il est même encore sensible en étendant la liqueur de deux et trois fois son volume d'eau. Il est inutile de dire qu'il faut le conserver dans un flacon bien bouché, pour le préserver des poussières organiques en suspension dans l'air.

Ceci posé, on prend à une profondeur connue un demi-litre de la terre déjà traitée, on l'introduit dans un ballon de verre ; on adapte au ballon un bouchon portant deux tubes : l'un pouvant se relier à un réservoir d'eau bouillante, l'autre descendant dans un centimètre cube de réactif. La vapeur d'eau arrivant chauffe fortement la terre et le ballon, vaporise et entraîne le sulfure de carbone dans le réactif. Cette opération étant pratiquée sur une terre prise peu de temps après le traitement, nous avons constaté partout la présence de la vapeur insecticide.

Quant à la persistance du sulfure de carbone, nous pouvions admettre *à priori* qu'elle était grande, que les vapeurs séjournaient plusieurs jours dans la terre. Il n'y a pas en effet de réaction chimique qui puisse, dans le sol, amener promptement la destruction de ce corps. En second lieu, d'après la loi de Graham sur la diffusion des gaz, le sulfure de carbone, à cause de sa grande densité, ne doit que lentement se mêler à l'air atmosphérique.

Quoi qu'il en soit, nous avons recherché directement le sulfure, par la méthode précédemment décrite, deux, trois, quatre jours après le traitement. Vingt-quatre heures après, on le retrouve

INSUFFLATION

Échelle $\frac{1}{30}$

1re Expérience

2me Expérience

3me Expérience   4me Expérience

25   50   75   100   A   25   50   75   100

Échelle $\frac{1}{10}$

Cloche à insufflation

Entonnoir manométrique

Tube manométrique

Toutes les distances égales à OA représentent 0^{m},5
Les nombres inscrits indiquent la profondeur à laquelle
ont été enfoncés les entonnoirs et tubes manométriques

d'une façon constante. Dans les vignes des *Trois-Pointes*, appartenant à l'École d'Agriculture, 92 ceps reçurent le 29 avril 100 gram. de sulfure chacun ; ces ceps sont distants de 1m,50. Le 24 mai, c'est-à-dire vingt-deux jours après la fin de l'opération, on retrouvait l'odeur du sulfure. Dans l'intervalle, il y avait eu plusieurs jours de pluie, et la pression barométrique avait été assez faible ; aussi sommes-nous à peu près certains de la persistance des vapeurs sulfureuses pendant un temps suffisant pour tuer l'insecte. Aux *Trois-Pointes*, à *La Condamine* et à l'*École des Cépages*, on a appliqué environ 30 ou 40 gram. de sulfure par mètre carré de surface. Cette dose est trop élevée. En effet, supposons que l'action se fasse sentir à 1 mètre de profondeur, et admettons 250 litres d'air souterrain par mètre cube : il est admis, d'après les expériences faites à Cognac, qu'une partie en poids de sulfure rend meurtrières 75 parties en poids d'air ; or, nous avons opéré avec 30 gram. pour 250 litres d'air pesant 325 gram., c'est-à-dire avec une partie de sulfure pour dix d'air. On peut donc réduire beaucoup la dose de sulfure de carbone.

SECONDE SÉRIE D'EXPÉRIENCES.

La mobilité que nous avons constatée pour l'air souterrain dans toutes les expériences précédentes nous a conduit à penser que l'on pouvait renouveler l'air en suivant une marche inverse, c'est-à-dire qu'en poussant dans la terre de l'air saturé de vapeurs de sulfure, il viendrait se substituer aux gaz du sol. Cette nouvelle idée, si elle était réalisable, devait amener dans le mode opératoire une économie de main-d'œuvre considérable.

Nous avons donc fait de nouvelles recherches en suivant la même méthode expérimentale, afin de saisir toutes les particularités que cette insufflation d'air extérieur pouvait présenter. Nous appliquâmes d'abord sur le sol des cloches de verre tubulées au sommet, comme on en trouve dans les laboratoires de chimie ; la tubulure était reliée à un soufflet renversé, faisant office de pompe foulante ; les entonnoirs manométriques étaient disposés en rayonnant autour de la cloche, de 25 en 25 centim.; leur profondeur et leur disposition sont indiquées Pl. II. Nous n'eûmes que de très-mauvais effets, l'air sortant par les bords épais et arrondis de la cloche. Mais il fut facile de remédier à ce défaut en remplaçant les cloches de verre par une cloche métallique en forme d'entonnoir et à bord tranchant. Les pertes latérales disparurent, et nous vîmes tous nos manomètres osciller en même temps ; ces oscillations étaient naturellement de sens inverse de celles de nos premières expériences. Nous pûmes même montrer aux personnes assistant à nos essais l'*air sortant* à 1^m,50 *de distance de la cloche.*

Pour bien nous instruire sur les phénomènes qui se passaient dans le sol, nous instituâmes toute une série d'expériences en munissant les manomètres de petites échelles divisées en centimètres et millimètres, et en les remplissant d'eau colorée. Notre soufflet débitait 2 litres, 89. La cloche métallique avait 2 décim. de diamètre, sa hauteur était de 14 centim., et elle était enfoncée de 10 centim. dans la terre. Voici les résultats d'une première expérience (Pl. III, *fig.* 1), faite avec les entonnoirs manométriques enterrés à 15 centim. :

	Distance de la cloche.	Valeur de l'oscillation.
	25 centimètres.	20 millimètres.
1re	50 id.	10 id.
EXPÉRIENCE.	75 id.	6 id.
	100 id.	3 id.
	150 id.	sensible.

A une aussi faible profondeur, la pression atmosphérique pouvait apporter une diminution sensible dans les oscillations ; de plus, la forme évasée des entonnoirs pouvait troubler les résultats. Aussi ceux obtenus avec les tubes manométriques sont, comme on va en juger, bien plus réguliers, et nous paraissent plus propres à l'étude du phénomène. Voici les données fournies par les expériences (Pl. III) :

Distance des tubes à la cloche.		Profondeur.		Oscillations.	
	25 centimètres.	50 centimètres.		30 millimètres.	
2ᵐᵉ EXPÉRIENCE.	50 —	50	—	10	—
	75 —	50	—	4	—
	100 —	50	—	2	—
	25 centimètres.	85 centimètres.		30 millimètres.	
3ᵐᵉ EXPÉRIENCE.	50 —	75	—	10	—
	75 —	50	—	3	—
	100 —	25	—	2	—
	25 centimètres.	25 centimètres.		30 millimètres.	
4ᵐᵉ EXPÉRIENCE.	50 —	50	—	10	—
	75 —	75	—	6	—
	100 —	100	—	4	—
	à 25 centimètres.			30 millimètres.	
MOYENNE.	à 50 —			10	—
	à 75 —			4,33	—
	à 100 —			2,66	—

La comparaison de ces mouvements oscillatoires nous montre comment se font l'ébranlement et le déplacement de l'air du sol; nous remarquons qu'à distance égale de la cloche, l'oscillation est sensiblement la même, *quelle que soit la profondeur.*

Le mouvement se propage donc à partir de l'axe de la cloche suivant des surfaces cylindriques et avec une intensité inversement proportionnelle à la masse d'air ébranlée. Les volumes d'air comprimé étant des cylindres de même hauteur sont entre eux comme les carrés des diamètres de leurs bases ; par conséquent, à des distances de l'axe égales à $1 - 2 - 3 - 4$, les ébranlements doivent être entre eux comme $1 - \frac{1}{4} - \frac{1}{9} - \frac{1}{16}$.

L'air est donc comprimé de haut en bas, jusqu'à une grande profondeur dépendant de la nature du sol et du sous-sol. Dans nos expériences, l'air était ébranlé à plus de 1 mètre de distance verticale; cette compression verticale se transmet latéralement et à une grande distance. Nous avons constaté des effets à $1^m,50$

de la cloche ; nous avons même pu montrer l'air souterrain s'échappant en soulevant une petite colonne d'eau.

Le calcul s'accorde avec notre manière de voir. En effet, supposons à l'air d'une tranche circulaire M'N' (Pl. III, *fig*. 2), parallèle à MN, une force élastique de 30 millim. (nombre de nos expériences).

Pour la tranche P'Q' parallèle à PQ, elle sera donnée par l'égalité :

$$x = \frac{30 \times 70^2}{120^2} = 10,2 \; ;$$

nos expériences donnent 10.

Pour la tranche R'S' parallèle à RS, nous aurions :

$$x = \frac{30 \times 70^2}{170^2} = 5 \; ;$$

nos expériences donnent 4,33.

Pour la tranche T'V' parallèle à TV, nous aurions :

$$x = \frac{30 \times 70^2}{220^2} = 3 \; ;$$

nos expériences donnent 2,66.

On voit que le calcul s'accorde sensiblement avec **nos** expériences et justifie notre théorie.

Ainsi, l'air insufflé, comme on pourrait le croire tout d'abord, ne se rejette pas latéralement à une petite distance de la surface, il se répand au contraire sur une grande étendue et à une grande profondeur. Insistons encore. Il ne faut pas donner aux longueurs d'oscillations 30 — 10, etc., une signification autre que celle qu'elles comportent. Ces longueurs n'indiquent que les valeurs des chocs, des efforts exercés de bas en haut sur l'air des surfaces verticales MM' — PP', etc.; elles montrent que la masse d'air, M par exemple, est lancée trois fois plus fort que la masse qui est en P, et absolument comme la bille d'ivoire de certains appareils de physique, qui montrent la transmission du mouvement dans un milieu élastique. Ces nombres 30 — 10 — 4,33 — 2,66, que l'expérience nous donne, ne sauraient nous exprimer la quantité d'air qui s'échappe du sol. — Nous introduisons avec notre souf-

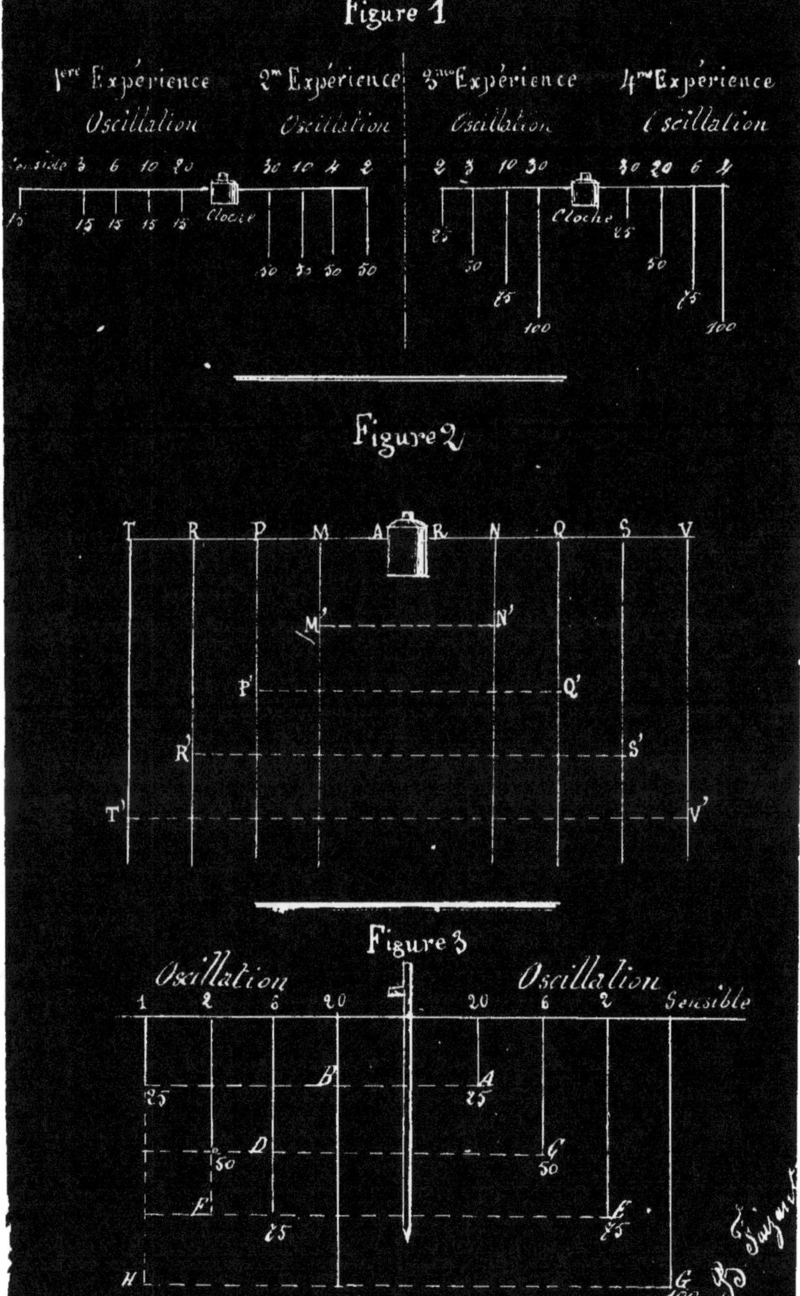

Figure 1
1ère Expérience
Oscillation
2me Expérience
Oscillation
3me Expérience
Oscillation
4me Expérience
Oscillation
Sensible 3 6 10 20
30 10 4 2
2 3 10 30
30 20 6 4
15 15 15 15 15
Cloche
Cloche
30 30 50 50
25
30
25
100
25
50
25
100
Figure 2
T R P M A R N Q S V
M' N'
P' Q'
R' S'
T' V'
Figure 3
Oscillation
Oscillation
1 2 6 20
20 6 2
Sensible
B A
25 25
D C
50 50
F E
25 25
H G
100 100

flet 3 litres d'air dans le sol, il doit sortir 3 litres d'air du sol; cette sortie a évidemment lieu par la surface circulaire AT : or cette surface est de plus de 3 mètres carrés dans nos expériences. A une pulsation du soufflet, la couche d'air qui sort est équivalente au volume d'un cylindre de 3 décim. cubes de capacité; sa base étant de 300 décim. carrés, sa hauteur sera de 1 centim. Constatons que dans nos expériences l'air sort partout : or s'il s'en échappait 2,66 millim. en T, — 4,33 en R, — 10 en P, etc., le sol rejetterait plus d'air qu'on ne lui en donnerait.

Suivons les conséquences de cette émission ; supposons la couche d'air sortant de la surface circulaire TA d'égale épaisseur. Une petite masse d'air de 2 millim. de hauteur, par exemple, est projetée de bas en haut en un point quelconque, et avec une force quelconque. Aussitôt qu'elle quitte le sol, un vide se produit, vide qui est immédiatement remplacé, d'une part par l'air atmosphérique, de l'autre par l'air souterrain. Comme ces deux milieux ont la même force élastique, ils se partagent également le remplissage du vide produit.

Si nous restons dans l'hypothèse de 250 litres d'air par mètre cube de terre, l'air souterrain qui doit contribuer au remplissage occupe dans la terre une hauteur de quatre fois 1 millim., soit 4 millim. : ainsi, une couche d'air souterrain de 4 millim. s'élève, et par suite toutes celles qui sont au-dessous d'elle; d'une seconde pulsation du soufflet, l'air souterrain est encore soulevé de 4 millim., et ainsi de suite.

Voyons maintenant près de la cloche, c'est-à-dire en AB, ce qui se passe. 3 litres d'air arrivent, s'enfoncent comme un coin dans l'air environnant et se mélangent avec lui sur une étendue qu'il nous est difficile d'apprécier ; aux pulsations successives du soufflet il en est de même, et l'air arrivant se substitue à l'air souterrain, même à une grande profondeur. Cette théorie va encore se trouver confirmée par ce qui va suivre.

Notre but était de faire arriver de l'air chargé de vapeurs de sulfure. Nous avons donc fait passer l'air pris par le soufflet dans un flacon contenant du sulfure de carbone ; l'air ainsi chargé allait à la cloche. Alors, pour voir si le sulfure se diffusait, nous avons enlevé les manomètres de nos tubes et de nos entonnoirs, et nous y avons établi de petits tubes évasés permettant facilement à l'air de passer et renfermant notre réactif habituel. Dans d'autres cas, nous nous mettions assez près des orifices des tubes pour que l'odorat pût être affecté par l'air sortant. Or, dans tous les cas, nous avons reconnu la présence du sulfure. L'effet se produisait après un nombre de coups de soufflet d'autant plus grand que notre tube était ou plus profond, ou plus éloigné. — Nous sommes donc bien en droit de conclure que l'air chargé de sulfure se substitue peu à peu à l'air du sol, et notre théorie reçoit de ces faits une nouvelle confirmation.

TROISIÈME SÉRIE D'EXPÉRIENCES.

Les expériences précédentes montraient par deux voies différentes, l'*aspiration* et l'*insufflation*, qu'il était possible de renouveler l'air du sol en y substituant un autre air plus ou moins chargé de vapeurs de sulfure de carbone. Mais il fallait s'occuper de la rapidité des opérations et des diverses conditions économiques de nos procédés.

Dans nos premières expériences, la pose des tubes de fer exigeait un certain temps ; dans les secondes, la cloche ne s'appliquait pas très-bien sur les terres peu unies et donnait alors des pertes sur son pourtour. Nous avons alors songé à remplacer les uns et les autres par des tubes d'un diamètre très-petit, pouvant pénétrer facilement dans le sol. Ces tubes de 50 centim. de long, percés de trous sur les deux tiers de leur longueur, peuvent servir, soit à l'aspiration, soit à l'insufflation. Ils ont un diamètre intérieur de 5 millim. et un diamètre extérieur de 10 millim.

Voici les résultats que donnèrent les manomètres dans le cas de l'aspiration, le tube aspirateur étant complétement enfoncé :

Distance du tube aspirateur.	Profondeur.	Oscillations.
25 centimètres.	25 centimètres.	10 millimètres.
50 —	50 —	4 —
75 —	75 —	2 —
100 —	100 —	sensible.
25 —	85 —	8 —
50 —	75 —	2 —
75 —	50 —	1 —
100 —	25 —	sensible.

Nous devons remarquer que les trous d'en haut, à cause du voisinage de la surface, aspirent mieux que ceux du bas. L'aspiration paraît se faire, à peu près comme dans nos premières expériences, suivant des ellipsoïdes plus ou moins tronqués, d'une part par la surface du sol, d'une autre part par les couches profondes du sol, qui, trop compactes, trop éloignées du centre d'action, ne peuvent être intéressées par le jeu de l'appareil. On voit cependant que le mouvement aspiratoire s'est fait sentir à 1 mètre de distance latérale et à 1 mètre de profondeur.

Les résultats fournis par l'insufflation faite sur le même tube sont les suivants :

Distance du tube insufflateur.	Profondeur.	Oscillations.
25 centimètres.	25 centimètres.	20 millimètres.
50 —	50 —	6 —
75 —	75 —	2 —
100 —	100 —	sensible.
25 —	85 —	20 —
50 —	75 —	6 —
75 —	50 —	2 —
100 —	25 —	1 —

Ces expériences confirment les remarques que nous avons faites avec la cloche sur le mode d'ébranlement de l'air dans le sol. Ainsi, les cercles de diamètre AB (Pl. III, *fig.* 3) CD — EF etc., étant entre eux comme 1 — 4 — 9 — 16, etc., les ébranlements doivent être entre eux comme 1 — $\frac{1}{4}$ — $\frac{1}{9}$, etc. Si l'ébranlement est 20 pour AB, pour les autres cercles il sera 5 — 2,2, etc. Or l'expérience nous donne 6 — 2, etc.

Le mode d'introduction et de propagation du sulfure de carbone dans le sol reste le même, soit qu'on opère avec les tubes étroits de 50 centim. de long, soit avec les gros tubes de nos premières expériences ayant 1 mètre de longueur et $0^m,04$ de diamètre.

Un autre question devait être étudiée : il fallait distribuer dans l'air introduit les vapeurs de sulfure d'une manière régulière et en quantité suffisante. D'après nos propres essais et ceux de nos devanciers, une proportion de 2 à 3 p. 0/0 de vapeur insecticide est suffisante pour tuer l'insecte, sans incommoder la vigne; à 2 p. 0/0, il faudrait pour 100 litres d'air environ 7 gram. de sulfure, soit $0^{gr},07$ par litre d'air. Pour nous rendre compte des moyens à employer pour assurer une pareille répartition, nous avons fait les expériences suivantes:

1re *Expérience*. — Notre soufflet de 3 litres environ poussait l'air dans un grand flacon contenant du sulfure, de façon à traverser le liquide. Par des pesées successives, nous avons trouvé qu'à la température moyenne de 12° un litre d'air enlevait $0^{gr},53$ de sulfure; à une température plus basse, un litre d'air enlevait $0^{gr},43$.

2e *Expérience*. — Au lieu de faire barboter l'air dans le sulfure, nous l'avons fait arriver verticalement à 3 centim. environ de la surface liquide; nous opérions avec le même flacon et un soufflet d'appartement d'une capacité de 380 centim. cubes. Nous avons donné 100 coups de soufflet à deux reprises différentes; voici les résultats:

	1°	—	2°
Température initiale	23°⁵	—	9°
Température finale	3°⁵	—	2°
Grammes de sulfure perdus	23	—	17

Ainsi, un litre d'air emportait dans le premier cas $0^{gr},60$ de sulfure, et dans le second $0^{gr},44$.

La température avait une grande influence ; mais ce qui nous écartait le plus de la fraction 0,07 que nous voulions atteindre, c'était surtout la capacité du flacon contenant le sulfure. En effet, la force élastique de la vapeur de sulfure croissant rapidement avec la température, un litre d'air saturé doit en renfermer d'autant plus que la température est plus élevée. Ainsi les forces élastiques de la vapeur de sulfure de carbone étant à

$$0° \quad — \quad 132 \text{ millimètres.}$$
$$10° \quad — \quad 203 \quad »$$
$$20° \quad — \quad 302 \quad »$$

le calcul donne pour le poids du sulfure de carbone **saturant un litre d'air**, à

$$0° \quad — \quad 0^{gr},60$$
$$10° \quad — \quad 0,89$$
$$20° \quad — \quad 1,28$$

Alors, en prenant un flacon plus petit, comme l'air ne se sature guère que pendant l'intervalle de chaque coup de soufflet, on pouvait espérer atténuer l'effet de la température et s'approcher d'une façon suffisamment pratique du poids de $0^{gr},07$ par litre.

3ᵉ *Expérience.* — Nous avons pris un flacon à deux tubulures, de 190 centim. cubes de capacité, contenant 20 gram. de sulfure; notre soufflet de 3 litres a fonctionné 50 fois de suite, le sulfure a diminué peu à peu et n'a disparu qu'aux derniers coups. La température s'est maintenue entre 20 et 10°; on voit donc que 20 gram. de sulfure ont été enlevés par 180 litres d'air, soit $0^{gr},11$ par litre.

Ces expériences nous ont ainsi montré comment nous devions disposer notre distributeur de sulfure de carbone, et l'appareil représenté par la Pl. IV approche aussi près qu'il est possible des conditions théoriques exposées plus haut.

DÉDUCTIONS PRATIQUES.

Des expériences qui précèdent, il ressort que l'on peut introduire et diffuser dans le sol une quantité donnée de sulfure de carbone, soit par l'aspiration, soit par l'insufflation, et que la dernière méthode est plus facile à appliquer que la première, la distribution du gaz se faisant sans aucune difficulté par suite de la disposition de l'appareil insufflateur.

Le manuel opératoire consiste donc à faire autour de chaque cep, et à 30 centim., quatre trous à l'aide d'une broche de 50 centim. de longueur et de 18 millim. de diamètre, à introduire dans ces trous le tube figuré sur la Pl. IV. *fig.* 3, et à donner chaque fois 25 coups de soufflet. La quantité de sulfure de carbone nécessaire pour chaque trou étant introduite à l'aide d'un robinet jaugeur dans un petit réservoir placé sous le soufflet, la manœuvre est des plus simples et nous nous croyons autorisés à affirmer que, dans les terrains perméables, l'application du sulfure de carbone, comme nous l'entendons, détruira la plus grande partie du Phylloxera et permettra à la vigne, bien soignée d'autre part, de vivre avec cet insecte comme elle vit avec l'oïdium lorsqu'on la soufre.

Dans les terrains compactes où l'introduction des tubes est difficile, on pourra utiliser la cloche figurée Pl. IV. *fig* 2, que l'on placera quatre fois autour de chaque cep, en l'enfonçant de 15 à 20 centim.

Les derniers travaux sur l'œuf d'hiver et ses descendants désignent la fin mai et le commencement de juin comme l'époque la plus favorable pour l'application des insecticides au traitement des racines infectées. D'ici le printemps prochain, nos efforts tendront à rendre le procédé que nous recommandons de plus en plus pratique. Nous donnerons dans une prochaine Note les résultats de nouvelles expériences qui, nous l'espérons, nous permettront d'indiquer des modifications heureuses au point de vue de l'économie du traitement.

Planche IV

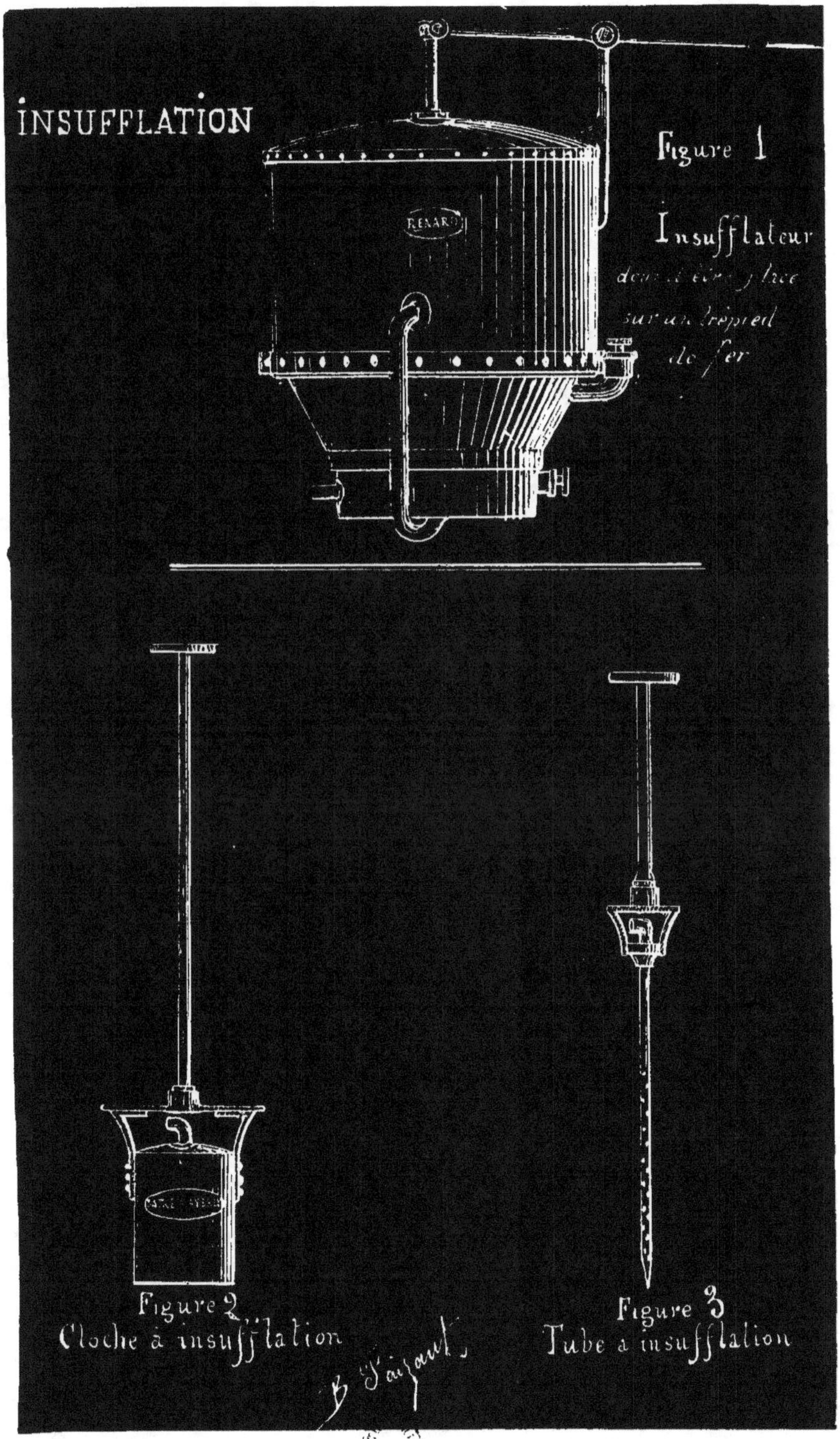
INSUFFLATION
Figure 1
Insufflateur
doit être placé
sur un trépied
de fer
RENARD
Figure 2
Cloche à insufflation
Figure 3
Tube à insufflation

Nous croyons sincèrement que les propriétaires de terrains perméables pourront sauver leurs vignes, s'ils veulent associer l'application du sulfure de carbone diffusé à l'emploi des engrais capables de les soutenir.

Nous attirerons leur attention sur un point qui a pour nous la plus grande importance: c'est la *nécessité absolue* qu'il y a d'examiner les racines des vignes qui se trouvent dans les régions où le Phylloxera a été signalé, lors même qu'elles ont une belle apparence, parce qu'il résulte de toutes les observations faites jusqu'à ce jour que lorsqu'une vigne donne les signes extérieurs de la présence du Phylloxera, elle est déjà assez malade pour qu'il soit très-difficile de la sauver, tandis que l'on peut enrayer la maladie en l'attaquant vigoureusement lorsque les grosses racines sont intactes.

Nous ajouterons, en terminant, que notre *modus faciendi* peut s'adapter à l'emploi de tout autre gaz que le sulfure de carbone, dans le cas où l'on en découvrirait un plus redoutable pour le Phylloxera.